水产养殖
规范用药系列科普图册（一）
抗菌药物规范使用

全国水产技术推广总站
中国水产学会 编

U0239244

中国农业出版社
北　京

图书在版编目（CIP）数据

水产养殖规范用药系列科普图册.一，抗菌药物规范使用／全国水产技术推广总站，中国水产学会编.

北京：中国农业出版社，2024.7. —— ISBN 978-7-109-32158-8

Ⅰ．S948-64

中国国家版本馆CIP数据核字第2024J59B63号

水产养殖规范用药系列科普图册（一）

SHUICHAN YANGZHI GUIFAN YONGYAO XILIE KEPU TUCE (YI)

中国农业出版社出版

地址：北京市朝阳区麦子店街18号楼

邮编：100125

责任编辑：王金环　蔺雅婷

版式设计：小荷博睿　责任校对：吴丽婷

印刷：中农印务有限公司

版次：2024年7月第1版

印次：2024年7月北京第1次印刷

发行：新华书店北京发行所

开本：850mm×1168mm　1/32

印张：1

字数：27千字

定价：18.00元

编审委员会

前　言

随着我国水产养殖业的快速发展，水产品的质量安全问题日益受到社会各界的关注。规范用药不仅关系到水产养殖业的可持续发展，更直接关系到消费者的健康和生态环境的平衡。为做好水产养殖规范用药科普宣传，指导养殖者科学规范用药，我们策划编写了"水产养殖规范用药系列科普图册"。该系列科普图册依据国家相关法律法规，结合水产养殖实践，详细介绍了各类水产养殖用兽药的使用原则和具体操作方法，旨在为广大养殖生产者、技术服务人员提供科学、系统的用药指导，提高疾病治疗水平和效果，减少水产养殖用兽药残留，切实保障水产品质量安全。

　　抗菌药物是水产养殖用兽药的重要一类，如果使用不当，不仅会增强细菌耐药性，不利于控制或治疗动物疾病，还可能危害人类健康和公共卫生安全。为贯彻落实《中华人民共和国生物安全法》及国家卫生健康委、农业农村部等13部门联合印发的《遏制微生物耐药国家行动计划（2022—2025年）》的要求，加强公众健康教育，提升耐药认识水平，执行《兽药管理条例》有关规定，规范使用抗菌药物，我们编写了《水产养殖规范用药系列科普图册（一）——抗菌药物规范使用》。本图册涵盖疾病预防措施、疾病诊治、抗菌药物规范合理使用等方面知识，供读者参考使用。

　　本图册的出版得到了"2023年度全国学会治理现代化示范专项"项目（2023ZLXDH219）、国家重点研发计划课题（2023YFD2400700）、湖南渔美康生物技术集团股份有限公司和河南安进生物工程有限公司的大力支持，江苏省海洋水产研究所万夕和研究员、中国科学院水生生物研究所李爱华研究员和江苏农牧科技职业学院袁圣副教授对技术内容进行了审校。在此，谨表示衷心的感谢。

　　由于编者水平有限，书中难免存在疏漏与不足，敬请广大读者谅解并提出宝贵意见。

编　者

2024年4月

contents

目 录

一、基本知识

（一）水产养殖用兽药的定义

水产养殖用兽药是指用于预防、治疗、诊断水产养殖动物疾病或者有目的地调节水产养殖动物生理机能的物质。应按兽药监督管理。

（二）水产养殖用兽药的种类

水产养殖用兽药主要包括：抗菌药物、驱虫和杀虫药、消毒剂、中药材和中成药、生物制品、维生素和激素等。

（三）兽用处方药和兽用非处方药

兽用处方药是指凭兽医处方才能购买和使用的兽药。兽用处方药目录由农业农村部制定并公布。

现行批准使用的水产养殖用处方药有：硫酸新霉素粉、盐酸多西环素粉、盐酸环丙沙星盐酸小檗碱预混剂、维生素C磷酸酯镁盐酸环丙沙星预混剂、氟苯尼考粉、氟苯尼考注射液、甲砜霉素粉、复方磺胺嘧啶粉、磺胺间甲氧嘧啶钠粉、复方磺胺二甲嘧啶粉、复方磺胺甲噁唑粉、恩诺沙星粉和氟甲喹粉共13种抗菌药，以及甲苯咪唑溶液、精制敌百虫粉、敌百虫溶液、辛硫磷溶液和溴氰菊酯溶液共5种驱虫和杀虫药。

兽用非处方药是指不需要兽医处方即可自行购买并按照说明书使用的兽药。兽用处方药目录以外的兽药为兽用非处方药。

（四）兽药残留

兽药残留是指水产养殖食用动物用药后，其产品的任何可食用部分中所有与药物有关的物质的残留，包括药物原形或/和其代谢产物。

（五）休药期

休药期是指水产养殖食用动物从停止给药到许可上市的间隔时间。

休药期随水产养殖动物种属、药物种类、制剂形式、用药剂量及给药途径不同而有差异，与药物在水产养殖动物体内的消除率和残留量有关。

休药期的规定是为了避免供人食用的水产养殖动物组织或产品中残留药物超标。

（六）抗菌药物的定义

抗菌药物是指能抑制或杀灭细菌，用于预防和治疗细菌性感染的药物，包括抗生素和人工合成抗菌药。

（七）抗菌谱

抗菌谱是指抗菌药抑制或杀灭病原微生物的范围。

（1）广谱抗菌药。能抑制或杀灭多种不同种类的细菌，抗菌作用范围广泛的药物。

（2）窄谱抗菌药。抗菌范围小，仅作用于单一菌种或单一菌属的药物。

（八）抗菌药物的分类

（1）抗生素。是细菌、真菌、放线菌等微生物的代谢产物，能从微生物的培养液中提取，在极低浓度下能抑制或杀灭其他微生物。

（2）人工合成抗菌药。是用化学合成方法制成的抗菌药物。

（九）水产养殖用抗菌药物的种类

我国水产养殖用国标抗菌药物共有13个制剂品种，共分为5类，分别是酰胺醇类、氨基糖苷类、四环素类等抗生素和氟喹诺酮类、磺胺类等人工合成抗菌药。

种类	抗生素		
	酰胺醇类	氨基糖苷类	四环素类
药物名称	甲砜霉素粉、氟苯尼考粉、氟苯尼考注射液	硫酸新霉素粉	盐酸多西环素粉
适用范围	①抗菌谱广 ②口服易吸收 ③组织分布广 ④用于全身感染	①对需氧革兰氏阴性菌作用强 ②内服吸收少 ③用于肠道感染	①抗菌谱广 ②温度／金属离子影响其吸收 ③组织分布广 ④用于全身感染

种类	人工合成抗菌药	
	喹诺酮类	磺胺类
药物名称	恩诺沙星粉、维生素C磷酸酯镁盐酸环丙沙星预混剂、盐酸环丙沙星盐酸小檗碱预混剂、氟甲喹粉	磺胺间甲氧嘧啶钠粉、复方磺胺嘧啶粉、复方磺胺二甲嘧啶粉、复方磺胺甲噁唑粉
适用范围	①抗菌谱广 ②口服易吸收 ③组织分布广 ④用于全身感染	①抗菌谱广 ②口服易吸收 ③组织分布广 ④用于全身感染 ⑤可通过血脑屏障

二、预防水产养殖动物疾病发生

（一）疾病预防措施

（1）做好苗种繁育。自繁自养苗种要选择无病健康亲本，避免近亲繁殖，及时淘汰老龄亲本，注意不要使用携带病毒的亲本。引（购）入苗种，应查验检疫合格证明，并隔离饲养一段时间，至少进行2次检测确认无规定疫病病原后，再移入场内其他区域养殖。

（2）加强养殖管理。放苗前，合理使用生石灰或漂白粉进行池塘和水体消毒。控制放养密度，有条件的应在苗种阶段进行疫苗免疫。

（3）做好饲料管理。选用优质配合饲料，定点、定时、定量科学投喂；更换饲料时，将原有饲料和新饲料混合投喂，逐渐增加新饲料的比例，避免对养殖动物的消化功能造成负面影响。

（4）加强养殖用水管理。密切关注天气和水质变化，定期监测溶解氧、酸碱度、氨氮、亚硝酸盐、水温等指标。

（5）做好养殖设施管理。建立消毒制度，定期对进排水、养殖场所（包括池塘）、运输工具、养殖器具、设施设备等进行消毒。科学配置和使用增氧设备，防止水温分层和水质恶化。

（二）疾病诊治

（1）现场调查。调查发病的环境，一是查看周围环境，确定水源是否被污染；二是查看池内环境，确定池塘水质是否恶化。摸清疾病发生的规律，查明发病动物的种类、规格、死亡数量等，以及同池不发病动物的种类等流行病学信息。

（2）检测池塘水质。重点对不同水层的溶解氧和水温、酸碱度、氨氮、亚硝酸盐等水质指标进行检测，并结合天气状况与日常检测数据进行对比，判断有无异常。

（3）检查日常管理情况。了解池塘清淤、池塘修整、药物清塘以及用药情况；掌握放养密度、品种搭配以及投饵情况；了解饲料储存环境是否符合阴凉、干燥、通风要求，有无饲料超期存放、吸潮变质或发霉情况。

（4）临床检查诊断。选择症状明显但还未死亡的患病动物，先肉眼检查体表、鳃是否存在充血、出血、溃烂等情况；重点检查鳃丝，检查是否有缺损、肿胀和颜色异常等病征，剪下鳃丝边缘镜检；再解剖检查内脏是否有充血、出血或其他病变情况。除目检外，还应通过显微镜或解剖镜对病灶做更深入的检查。

（三）实验室诊断

病原检测，确定病原的种类。

有条件的养殖场应将患病动物送至相关实验室进行病原检测，确定病原的种类。若鉴定为细菌性病原，应通过药物敏感性

试验，筛选有效抗菌药物，制定治疗方案。

（四）疾病治疗原则

一旦发病，应减少饲料投喂，开启增氧机，避免大量换水；及时打捞病死个体，进行无害化处理，减少疾病传播风险；使用抗菌药、驱虫药等处方药（需由执业兽医开具处方）；严格执行用药时间、剂量、疗程、休药期等规定，做好用药记录。

三、水产养殖规范用药"六个不用"

（一）不用禁停用药物

《兽药管理条例》第三十九条规定："禁止使用国务院兽医行政管理部门规定禁止使用的药品和其他化合物。"

（二）不用假劣兽药

《兽药管理条例》第三十九条规定："禁止使用假、劣兽药。"

（三）不用原料药

《兽药管理条例》第四十一条规定："禁止将原料药直接添加到饲料及动物饮用水中或者直接饲喂动物。"

（四）不用人用药

《兽药管理条例》第四十一条规定："禁止将人用药品用于动物。"

（五）不用化学农药

《农药管理条例》第三十五条规定："严禁使用农药毒鱼、虾、鸟、兽等。"

（六）不用未批准的水产养殖用兽药

《农产品质量安全法》第二十九条规定："农产品生产经营者应当依照有关法律、行政法规和国家有关强制性标准、国务院农业农村主管部门的规定，科学合理使用农药、兽药、饲料和饲料添加剂、肥料等农业投入品，严格执行农业投入品使用安全间隔期或者休药期的规定；不得超范围、超剂量使用农业投入品危及农产品质量安全。"

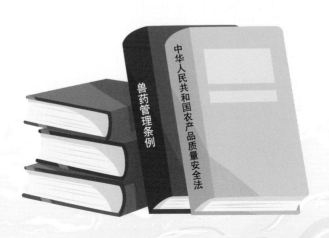

四、抗菌药物使用原则

（一）准确诊断

一经临床和实验室诊断为细菌病，应按照抗菌药物使用说明书进行治疗。

注意：抗菌药物只可用于治疗细菌病！

（二）合理用药

——根据诊断和药敏结果筛选敏感药物。选择病原菌敏感的药物进行治疗是保证治疗效果的关键。在选择抗菌药物治疗鱼类细菌性疾病时，应该分离鉴定致病菌，并进行药物敏感性试验，确定最佳治疗药物。

——使用具有批准文号的药物。

——掌握正确的治疗剂量、用药方式和足够疗程。按照抗菌药物使用说明，严格掌握用药量和用药次数，切勿随意增减。根据养殖水体中吃饲料的养殖动物的总体重来计算添加的药量，必要时加入适量的黏合剂，足量足疗程投喂，避免低剂量、长时间用药。用药时间则应根据具体的药物、养殖的种类、疾病的类型等综合考虑。

国家兽药综合查询App

苹果版　　　安卓版
扫描下载　　扫描下载

（三）合规用药

——既要考虑防治效果，也要注意用药安全。

确保养殖动物安全：选择抗菌药物治疗疾病时既要考虑防治效果，也要考虑药物的安全性，一些渔药虽然对治疗疾病非常有效，但对一些水生动物具有毒副作用。

——严格遵守休药期规定。

确保水产品安全：认真执行休药期制度是消除"药残"超标、保障水产品安全的基本要求。

五、抗菌药物使用方法

下述13种抗菌药物均为兽用处方药，需凭借执业兽医开具的处方购买和使用。所列抗菌药物的名称、用法用量和休药期，依据为兽药典2020年版、兽药质量标准2017年版和相关公告。

（一）甲砜霉素粉

主要成分	甲砜霉素
适应证	用于治疗淡水鱼、鳖等由气单胞菌、假单胞菌、弧菌等引起的细菌性出血病、烂鳃病、烂尾病、赤皮病等
规格	5%
一次用量	以本品计，350 mg/kg
用法和用量	一日1~2次，连用3~5 d
休药期	500 ℃·d
不良反应	高剂量长期使用对造血系统功能具有可逆性抑制作用

（二）氟苯尼考粉

主要成分	氟苯尼考
适应证	用于防治主要淡、海水养殖鱼类由细菌引起的败血症、溃疡、肠道病、烂鳃病，以及虾红体病、蟹腹水病
规格	10％
一次用量	以氟苯尼考计，10～15 mg/kg
用法和用量	一日1～2次，连用3～5 d
休药期	375 ℃·d
不良反应	高剂量长期使用对造血系统功能具有可逆性抑制作用

（三）氟苯尼考注射液

主要成分	氟苯尼考
适应证	用于防治主要淡、海水养殖鱼类由细菌引起的败血症、溃疡、肠道病、烂鳃病，以及虾红体病、蟹腹水病
规格	2 mL：0.6 g、5 mL：0.25 g、5 mL：0.5 g、5 mL：0.75 g、5 mL：1 g、10 mL：1.5 g、10 mL：0.5 g、10 mL：1 g、10 mL：2 g 等
一次用量	以氟苯尼考计，0.5～1 mg/kg
用法和用量	一日1次，连用3～5 d
休药期	375 ℃·d
不良反应	高剂量长期使用对造血系统功能具有可逆性抑制作用

（四）氟甲喹粉

主要成分	氟甲喹
适应证	用于治疗由细菌引起的鱼疖疮病、竖鳞病、红点病、烂鳃病、烂尾病和溃疡病；蛙红腿病、腹水病、肠炎病和烂肤病；虾腐鳃病等
规格	10 %
一次用量	以氟甲喹计，25~50 mg/kg
用法和用量	一日 1 次，连用 3 ~ 5 d
休药期	175 ℃·d
不良反应	按规定剂量未见不良反应

（五）恩诺沙星粉（水产用）

主要成分	恩诺沙星
适应证	用于治疗水产养殖动物由细菌感染引起的出血性败血症、烂鳃病、打印病、肠炎病、赤鳍病、爱德华氏菌病等疾病
规格	5 %、10 %
一次用量	以恩诺沙星计，10 ~ 20 mg/kg
用法和用量	一日 1 次，连用 5 ~ 7 d
休药期	500 ℃·d
不良反应	①可致幼年动物脊椎病变和影响其软骨生长 ②可致消化系统不良反应 ③避免与甲砜霉素、氟苯尼考等有拮抗作用的药物配伍

（六）盐酸多西环素粉（水产用）

主要成分	多西环素
适应证	用于治疗鱼类由弧菌、气单胞菌、爱德华氏菌等细菌引起的细菌性疾病
规格	2％（200万U）、5％（500万U）、10％（1000万U）
一次用量	以多西环素计，20 mg/kg
用法和用量	每日1次，连用3～5 d
休药期	750 ℃·d
不良反应	长期使用可引起二重感染和肝脏损害

（七）维生素C磷酸酯镁盐酸环丙沙星预混剂

主要成分	维生素C磷酸酯镁、盐酸环丙沙星
适应证	迅速杀灭体内外细菌，促进伤口愈合，加速机体康复，预防细菌性疾病感染。用于鳖体内外细菌感染
规格	维生素C磷酸酯镁100 g，盐酸环丙沙星10 g，淀粉适量
一次用量	每1000 kg鳖饲料中，5 kg
用法和用量	一日1次，连用3～5 d
休药期	500 ℃·d
不良反应	①可致幼年动物脊椎病变和影响其软骨生长 ②可致消化系统不良反应 ③避免与甲砜霉素、氟苯尼考等有拮抗作用的药物配伍

（八）盐酸环丙沙星盐酸小檗碱预混剂

主要成分	盐酸环丙沙星、盐酸小檗碱
适应证	用于治疗鳗鲡顽固性细菌感染
规格	盐酸环丙沙星 100 g，盐酸小檗碱 40 g，淀粉适量
一次用量	每 1000 kg 鳗鲡饲料中，15 kg
用法和用量	一日 1 次，连用 3 ~ 4 d
休药期	500 ℃·d
不良反应	①可致幼年动物脊椎病变和影响其软骨生长 ②可致消化系统不良反应 ③避免与甲砜霉素、氟苯尼考等有拮抗作用的药物配伍

（九）硫酸新霉素粉（水产用）

主要成分	新霉素
适应证	用于治疗鱼、虾、河蟹等水产动物由气单胞菌、爱德华氏菌及弧菌等引起的肠道疾病
规格	5 %（500 万 U）、50 %（5000 万 U）
一次用量	以新霉素计，5 mg/kg
用法和用量	一日 1 次，连用 4 ~ 6 d
休药期	500 ℃·d
不良反应	本品按推荐的用法、用量使用，未见不良反应

（十）磺胺间甲氧嘧啶钠粉（水产用）

主要成分	磺胺间甲氧嘧啶钠
适应证	用于治疗鱼类由气单胞菌、荧光假单胞菌、迟缓爱德华氏菌、鳗弧菌、副溶血弧菌等引起的细菌性疾病
规格	10 %
一次用量	以磺胺间甲氧嘧啶钠计，80~160 mg/kg
用法和用量	一日 2 次，连用 4 ~ 6 d，首次用量加倍
休药期	500 ℃·d
不良反应	用于体弱、幼小的鱼时，可能对肝、肾、血液循环系统以及免疫系统功能造成损害。建议与碳酸氢钠合用

（十一）复方磺胺嘧啶粉（水产用）

主要成分	磺胺嘧啶、甲氧苄啶
适应证	用于治疗草鱼、白鲢、加州鲈、石斑鱼等由气单胞菌、荧光假单胞菌、副溶血弧菌、鳗弧菌引起的出血症、赤皮症、肠炎、腐皮病等
规格	100 g：磺胺嘧啶 16 g + 甲氧苄啶 3.2 g
一次用量	以本品计，300 mg/kg
用法和用量	一日 2 次，连用 3 ~ 5 d，首次用量加倍
休药期	500 ℃·d
不良反应	用于体弱、幼小的鱼时，可能对肝、肾、血液循环系统以及免疫系统功能造成损害。建议与碳酸氢钠合用

（十二）复方磺胺二甲嘧啶粉（水产用）

主要成分	磺胺二甲嘧啶、甲氧苄啶
适应证	用于治疗水产养殖动物由嗜水气单胞菌、温和气单胞菌等引起的赤鳍、疖疮病、赤皮病、肠炎病、溃疡、竖鳞病等疾病
规格	250 g：磺胺二甲嘧啶 10 g + 甲氧苄啶 2 g
一次用量	以本品计，1500 mg/kg
用法和用量	一日 2 次，连用 6 d
休药期	500 ℃·d
不良反应	大量及长期用于体弱、幼小的鱼时，可能对肝、肾功能造成损害。建议与碳酸氢钠合用

（十三）复方磺胺甲噁唑粉（水产用）

主要成分	磺胺甲噁唑、甲氧苄啶
适应证	用于治疗淡水养殖鱼类、大黄鱼由气单胞菌、荧光假单胞菌等引起的肠炎病、败血症、赤皮病、溃疡等疾病
规格	100 g：磺胺甲噁唑 8.33 g + 甲氧苄啶 1.67 g
一次用量	以本品计，450~600 mg/kg
用法和用量	一日 2 次，连用 5~7 d，首次用量加倍
休药期	500 ℃·d
不良反应	用于体弱、幼小的鱼时，可能对肝、肾、血液循环系统、排泄系统以及机体免疫系统功能造成损害。建议与碳酸氢钠合用

六、抗菌药物使用注意事项

在药物使用前最好明确病原，进行药物敏感性试验，根据试验结果选择合适的药物。不要随意更改药物的用法和用量，防止耐药菌的产生。

（一）恩诺沙星

（1）避免与含阳离子的物质同时服用，例如钙、铁、锌、镁含量高的饲料或营养剂。

（2）避免与甲砜霉素和氟苯尼考等有拮抗作用的药物配伍。

（3）避免大剂量使用。

（4）此药休药期较长，严格执行休药期规定，避免残留超标。

（二）氟苯尼考和甲砜霉素

（1）拌好的药饵不宜久置。

（2）高剂量长期使用对造血系统功能具有可逆性抑制作用。

（三）多西环素

（1）拌好的药饵不宜久置。

（2）避免与含阳离子的物质同时服用，例如钙、铁、锌、镁含量高的饲料或营养剂。

（3）长期使用可引起二重感染和肝脏损伤。

（四）磺胺类

（1）患有肝脏、肾脏疾病的水生动物慎用。

（2）为减轻对肾脏的毒性，建议与碳酸氢钠合用。

七、水产养殖食用动物中禁（停）止使用的药品及其化合物

序号	名称	依据
1	酒石酸锑钾	
2	β–兴奋剂类及其盐、酯	
3	汞制剂：氯化亚汞（甘汞）、醋酸汞、硝酸亚汞、吡啶基醋酸汞	
4	毒杀芬（氯化烯）	
5	卡巴氧及其盐、酯	
6	呋喃丹（克百威）	
7	氯霉素及其盐、酯	
8	杀虫脒（克死螨）	
9	氨苯砜	
10	硝基呋喃类：呋喃西林、呋喃妥因、呋喃它酮、呋喃唑酮、呋喃苯烯酸钠	
11	林丹	农业农村部公告第 250 号
12	孔雀石绿	
13	类固醇激素：醋酸美仑孕酮、甲基睾丸酮、群勃龙（去甲雄三烯醇酮）、玉米赤霉醇	
14	安眠酮	
15	硝呋烯腙	
16	五氯酚酸钠	
17	硝基咪唑类：洛硝达唑、替硝唑	
18	硝基酚钠	
19	己二烯雌酚、己烯雌酚、己烷雌酚及其盐、酯	
20	锥虫砷胺	
21	万古霉素及其盐、酯	
22	洛美沙星、培氟沙星、氧氟沙星、诺氟沙星 4 种兽药的原料药的各种盐、酯及其各种制剂	农业部公告第 2292 号
23	噬菌蛭弧菌微生态制剂（生物制菌王）	农业部公告第 2294 号
24	喹乙醇、氨苯胂酸、洛克沙胂 3 种兽药的原料药及各种制剂	农业部公告第 2638 号